Ernst Probst

Das Moustérien in Österreich

Eine Kulturstufe der Altsteinzeit

Impressum:
Das Moustérien in Österreich
1. Auflage als Print-Buch: Mai 2019
Autor: Ernst Probst
Im See 11, 55246 Mainz-Kostheim
Telefon: 06134/21152
E-Mail: ernst.probst (at) gmx.de
Herstellung: Amazon Distribution GmbH, Leipzig
Alle Rechte vorbehalten
ISBN: 978-1097927098

Widmung

Den Prähistorikern Dr. Elisabeth Ruttkay (1926–2009) und
Professor Dr. Johannes-Wolfgang Neugebauer (1949–2002) gewidmet,
die mich bei meinen Büchern
„Deutschland in der Steinzeit" (1991) und
„Deutschland in der Bronzezeit" (1996) unterstützt haben.

*Rekonstruktion eines Neanderthalers
(Homo neanderthalensis)
aus „A manual of the antiquity of man" (1875)
des amerikanischen Archäologen und Historikers
John Patterson MacLean (1848–1939).
Zeichnung: (via Wikimedia Commons),
Lizenz: gemeinfrei (Public domain)*

Vorwort

Rätselhafte Neanderthaler

Von den Urmenschen vor etwa 125.000 bis 40.000 Jahren im Gebiet von Österreich kennt man Lagerplätze in Höhlen und im Freiland. Man fand dort ihre Steinwerkzeuge und Jagdbeutereste, aber bisher keinen einzigen Knochen oder Zahn von ihnen selbst. Das Leben jener Jäger und Sammler wird in dem Taschenbuch „Das Moustérien in Österreich" des Wissenschaftsautors Ernst Probst geschildert. Bei den Menschen aus dem nach einem französischen Fundort benannten Moustérien handelte es sich um Neanderthaler. Der weltweit berühmteste Fund dieses Typs wurde 1856 im „Neanderthal" (mit „h") bei Düsseldorf-Mettmann in Deutschland in einer Höhle entdeckt. Die Bestattungssitten (Schädelkult), die Religion (Kannibalismus, fraglicher Bärenkult) und das Verschwinden (anatomischer Wandel, Ausrottung oder Vermischung) jener Urmenschen geben Rätsel auf.

Französischer Prähistoriker Gabriel de Mortillet (1821–1898).
Foto: (via Wikimedia Commons),
Lizenz: gemeinfrei (Public domain)

Höhlenbärenjäger in den Alpen

Das Moustérien in Österreich

Aus der Kulturstufe des Moustérien vor etwa 125.000 bis 40.000 Jahren liegen in den Bundesländern Salzburg, Tirol, Kärnten, Steiermark, Oberösterreich, Niederösterreich und Burgenland prähistorische Funde vor. Im Vergleich zu Deutschland oder gar Frankreich kennt man jedoch in Österreich viel weniger Hinterlassenschaften dieser Zeit. Der Begriff Moustérien wurde 1869 von dem französischen Prähistoriker Gabriel de Mortillet (1821–1898) aus Saint-Germain bei Paris nach den Funden aus der Höhle von Le Moustier bei Les Eyzies-de-Tayac im Département Dordogne geprägt.

Das Moustérien fiel zunächst in eine Warmzeit, die in Österreich als Riß/Würm-Interglazial (vor etwa 125.000 bis 115.000 Jahren) bezeichnet wird, weil sie zwischen der Riß- und Würm-Eiszeit lag. Der Begriff Riß/Würm-Interglazial wurde 1909 von dem Berliner Geographen Albrecht Penck (1858–1945) und dem damals in Wien wirkenden deutschen Geographen Eduard Brückner (1862–1937) geprägt. Statt Riß/Würm-Interglazial spricht man auch von der Riß/Würm-Warmzeit oder von der Eem-Warmzeit. Der Begriff Interglazial wurde 1865 durch den Zürcher Botaniker Oswald Heer (1809–1883) eingeführt. Die restliche Zeit des Moustérien war zeitgleich mit den ersten 75.000 Jahren der Würm-Eiszeit, die insgesamt etwa von vor 115.000 bis 10.000 Jahren währte.

Im Riß/Würm-Interglazial war es in Österreich einige Grad Celsius wärmer als heute. Die alpinen Gletscher schmolzen im

Rekonstruktion eines Europäischen Waldelefanten.
Bild: DFoidl / CC-BY3.0 (via Wikimedia Commons),
lizensiert unter Creative-Commons-Lizenz by-3.0-en,
http://creativecommons.org/licenses/by/3.0/legalcode

Rekonstruktion eines Mammuts
des österreichischen Paläontologen Othenio Abel (1876–1946)

Laufe dieser Warmzeit bis in ihre Ausgangsgebiete im Hochgebirge zurück. Statt der baumlosen Steppe vor den Alpen breiteten sich wieder Wälder aus. Zu Beginn dieser Warmzeit behaupteten sich vor allem Birken und alpine Kiefern. Es folgten klimatisch anspruchsvolle Eichenmischwälder mit Ulmen und Eschen. Nach der Haselnuss setzten sich Fichten, Eiben, schließlich Hainbuchen und vor allem Tannen durch. Gegen Ende der Warmzeit traten langsam lichter werdende Fichten- und Kiefernwälder auf.

Zur Tierwelt Österreichs im Riß/Würm-Interglazial gehörten unter anderem Europäische Waldelefanten, Waldnashörner, Höhlenlöwen und Höhlenbären. Die Europäischen Waldelefanten waren mit einer maximalen Schulterhöhe von 4,50 Metern die größten Landsäugetiere der damaligen Zeit. Wie die riesigen Europäischen Waldelefanten gelten auch die tonnenschweren Waldnashörner als typische Tiere von Warmzeiten des Eiszeitalters. Die in Rudeln lebenden, einschließlich Schwanz bis zu 3,20 Meter langen Höhlenlöwen dürften die gefährlichsten Raubtiere gewesen sein.

Im Riß/Würm-Interglazial und in den klimatisch relativ günstigen Abschnitten der frühen und mittleren Würm-Eiszeit wagten sich in den Ostalpen mutige Jäger in die hochgelegenen Bereiche des Gebirges vor, um dort vor allem die kräftigen und wohl auch gefürchteten Höhlenbären zu jagen. Die Würm-Eiszeit begann mit kräftigen Klimaschwankungen, die zumindest am Alpenrand und gebietsweise im Vorland – wo es ausreichend Niederschläge gab – einen Wechsel zwischen waldfreien Steppen und dichten Fichten-Kiefern-Wäldern zur Folge hatte. Dabei schwächten sich die Warmphasen immer mehr ab. Wie Ergebnisse der Grabungen in der Ramesch-Knochenhöhle oder in der Salzofenhöhle gezeigt haben, waren die Ostalpen in ihrem östlichen Bereich bis hoch in die Berge eisfrei.

Lebensbilder von Höhlenlöwe (oben) und Fellnashorn des Berliner Tiermalers Heinrich Harder (1858–1935)

*Lebensbilder von Moschusochse (oben) und Wisent
des Berliner Tiermalers Heinrich Harder (1858–1935)*

„Neanderthal"
bei Düsseldorf-Mettmann
auf einer Lithographie von 1835

Forscher und Sammler
Johann Carl Fuhlrott
(1803–1877)

In Kaltphasen der Würm-Eiszeit lebten Mammute und Fellnashörner, aber auch Riesenhirsche, Elche, Rentiere, Moschusochsen und Wisente. Dagegen gab es in Warmphasen unter anderem Höhlenbären, Höhlenlöwen, Höhlenhyänen und Wildpferde. In Österreich konnten bisher keine menschlichen Skelettreste aus dem Moustérien entdeckt werden. Man kann davon ausgehen, dass sich die Moustérien-Leute in Österreich wenig von ihren Zeitgenossen in den Nachbarländern Deutschland, Tschechien, Ungarn, Kroatien und Italien unterschieden, wo man Skelettreste von Neanderthalern fand. Die Altmenschen aus dem Moustérien gelten als „späte Neanderthaler" oder „klassische Neanderthaler". Der weltweit berühmteste Fund dieses Typs wurde im August 1856 beim Abbruch der Kleinen Feldhofer Grotte im „Neanderthal" bei Düsseldorf-Mettmann von zwei italienischen Steinbrucharbeitern entdeckt. Beim Ausräumen von Höhlenlehm stießen sie auf 16 Knochenfragmente, warfen diese aber zunächst achtlos weg, weil sie den wissenschaftlichen Wert des Fundes nicht ahnten. Erst als die Arbeiter ein Schädeldach bargen, informierten sie die Eigentümer des Steinbruchs, Friedrich Wilhelm Pieper und Wilhelm Beckershoff. Die Steinbruchbesitzer vermuteten, die Skelettreste seien Knochen eines Höhlenbären, wie sie häufig in Höhlen zu finden sind. Dass es sich hierbei um sehr seltene Überreste eines urzeitlichen Menschen handelte, erkannte als erster der herbeigerufene Realschullehrer Johann Carl Fuhlrott (1803–1877) aus Wuppertal-Elberfeld, der im Bergischen Land einen guten Ruf als Forscher und Sammler genoss.
Die Steinbruchbesitzer überließen Fuhlrott den Fund, zu dem das Schädeldach, der rechte und der linke Oberarm, fünf Rippenfragmente, die linke Beckenhälfte und beide Ober-

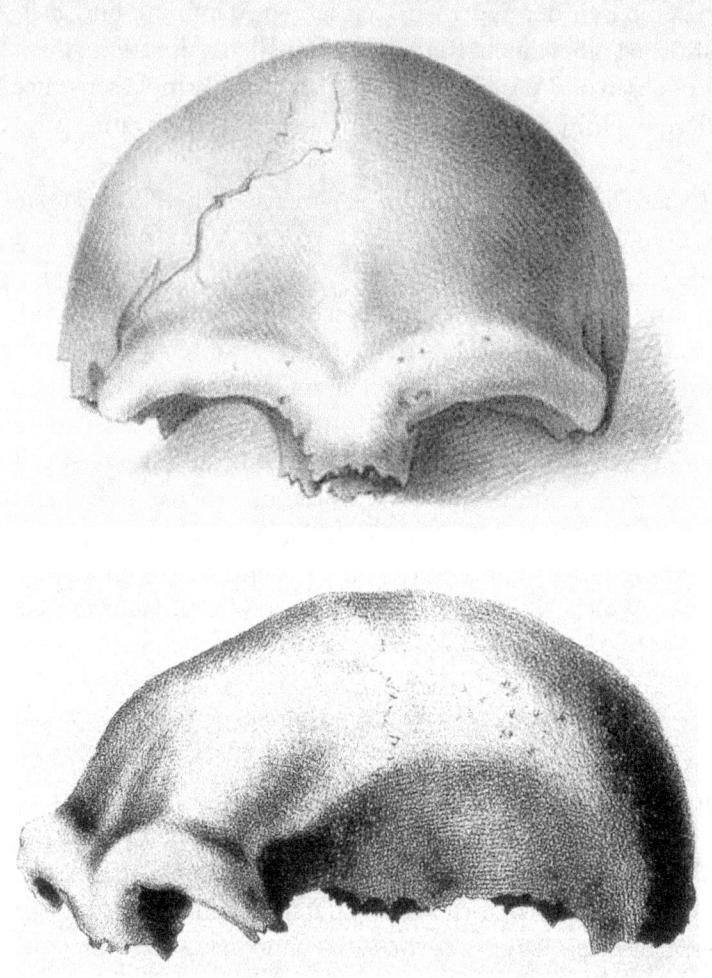

*Schädeldach des 1856 im „Neanderthal" entdeckten „Neanderthalers"
auf den 1859 von Johann Carl Fuhlrott (1803–1877)
in seinem Aufsatz „Menschliche Ueberreste aus einer Felsengrotte
des Düsselthals" veröffentlichten Zeichnungen*

schenkel gehören. Diese Reste stammen von einem nicht viel mehr als 1,60 Meter großen, mindestens 40-jährigen Mann. Wegen der sie umgebenden Lehmhülle wurde das Skelett nicht als solches erkannt und könnte sogar komplett vorhanden gewesen sein.

Der irische Geologe William King (1809–1866) betrachtete die Knochenfunde aus dem „Neanderthal" als Überreste eines vorzeitlichen Menschen und verlieh ihnen 1864 zur Erinnerung an den Fundort den wissenschaftlichen Artnamen *Homo neanderthalensis* („Mensch aus dem Neanderthal"). Die Schreibweise „neanderthalensis" beruht darauf, dass das „Neanderthal" bis zur Rechtschreibreform von 1901 noch mit „h" geschrieben wurde. Im Laufe der Zeit bürgerte sich der Begriff Neandertaler ohne „h" ein. Ich selbst verwende die ursprüngliche Schreibweise „Neanderthaler" mit „h". Denn es sieht seltsam aus, wenn man den wissenschaftlichen Artnamen „*Homo neanderthalensis*" mit „h", aber den populären Namen „Neandertaler" ohne „h" schreibt.

Erst 1901 konnte der Straßburger Anatom Gustav Schwalbe (1844–1916) die Anerkennung des hohen geologischen Alters des Neanderthalers aus der Kleinen Feldhofer Grotte in der Fachwelt durchsetzen. 1931 betrachtete der Wittenberger Ornithologe und Theologe Otto Kleinschmidt (1870–1954) den Neanderthaler als eine Unterart, der er den Namen *Homo sapiens neanderthalensis* verlieh. Heute betrachtet man den Neanderthaler wieder als eine Art namens *Homo neanderthalensis*.

Die fossilen Knochenreste aus der Kleinen Feldhofer Grotte im Neandertal sind nach neuen Datierungen etwa 42.000 Jahre alt. Damit gehören sie zu den jüngsten Neanderthaler-Funden in Mitteleuropa. Früher hat man die Funde aus der Kleinen Feldhofer Grotte auf ungefähr 70.000 Jahre geschätzt.

Irischer Geologe William King (1809–1866).
Foto: Porträt vor 1866

Die „klassischen Neanderthaler" wurden bis zu etwa 1,60 Meter groß und hatten eine untersetzte Statur. Ihre Hirnkapazität betrug 1.350 bis 1.750 Kubikzentimeter – im Durchschnitt also 1.500 Kubikzentimeter – und lag damit im Variationsbereich der Jetztmenschen. Die Stirn war flach, über den Augen befanden sich kräftige Knochenwülste. Das Mittelgesicht trat stark hervor, die Augen- und Nasenöffnungen waren auffallend groß, die Nase wirkte plump und breit. Der mächtige Unterkiefer trug ein so weit nach vorn gerücktes Gebiss, dass zwischen dem letzten Backenzahn oder Weisheitszahn und dem aufsteigenden Ast des Unterkieferknochens eine Lücke entstand. Die Vorderzähne waren massiv und hochkronig und dienten vielleicht auch zum Festhalten von Gegenständen. Das Kinn hatte fliehende Form. Die Hände waren breit, die Finger kurz und dick.

Die Neanderthaler sahen keineswegs plump, brutal oder tierhaft aus, auch wenn noch heute solche Bilder suggeriert werden. Ihre Haltung war voll aufrecht, nicht nach vorn geneigt. Dies schrieb der Weimarer Prähistoriker Rudolf Feustel in seinem faktenreichen Buch „Abstammungsgeschichte des Menschen", dessen erste Auflage 1976 erschien.

Im Gegensatz zu den heutigen Menschen (Homo sapiens) hatten die „klassischen Neanderthaler" einen robusteren Körperbau mit sehr massiven Extremitätenknochen, die im Unterarm und Oberschenkel oft stärker als bei uns gebogen waren. Nach den Muskelmarken zu schließen, handelte es sich um sehr kräftige Menschen.

Wie Angehörige aus anderen Kulturstufen der Altsteinzeit haben sich die Neanderthaler mit Vorliebe im noch vom Tageslicht erhellten Eingangsbereich der Höhlen aufgehalten. Bei ihren Streifzügen errichteten sie aber auch Behausungen im Freiland.

*Rekonstruktion des Neanderthalers von 1888
durch den Bonner Anatomen und Anthropologen
Hermann Schaaffhausen (1816–1893).
Er war der erste wissenschaftliche Bearbeiter
der 1856 im „Neanderthal" entdeckten Skelettreste
eines Neanderthalers.*

Die Zahl der gleichzeitig im Moustérien in Österreich lebenden Menschen lässt sich nicht abschätzen. Bisher kennt man ein Dutzend Fundstellen von Steinwerkzeugen von moustéroidem Charakter, die jedoch ein unterschiedlich hohes Alter aufweisen. Denkbar ist, dass sich im Moustérien einige hundert bis einige tausend Neanderthaler in Österreich aufhielten.

Im Bundesland Salzburg wurde die Durchgangshöhle unterhalb des Schlenkenberggipfels bei Vigaun in der Nähe von Hallein während des Riß/Würm-Interglazials von Menschen aufgesucht. Hier fand man Holzkohlespuren, die von einer Feuerstelle stammen, und Werkzeuge. Zeitweise diente diese Höhle auch Höhlenbären als Unterschlupf. Sie wurde 1968 bis 1970 durch den Wiener Paläontologen Kurt Ehrenberg (1896--1979) erforscht.

Ehrenberg war ein Schüler des berühmten österreichischen Paläontologen Othenio Abel (1875–1946). Abel wirkte als Professor in Wien und Göttingen und gilt als Begründer der Paläobiologie. Ehrenberg wurde später Abels Schwiegersohn. Von 1921 bis 1923 war Ehrenberg Mitarbeiter von Abel bei den Grabungen in der Drachenhöhle bei Mixnitz in der Steiermark. Die Ausgrabung dieser alpinen Bärenhöhle hat die spätere Arbeitsrichtung Ehrenbergs maßgeblich beeinflusst.

In Tirol gilt die Tischoferhöhle (auch Schäferhöhle oder Bärenhöhle genannt) im Kaisertal bei Kufstein als Aufenthaltsort von Moustérien-Leuten. Sie wurde seit dem Mittelalter untersucht. 1859 nahm der Lehrer Adolf Pichler (1819–1900) aus Innsbruck Grabungen vor. 1906 untersuchte der Paläontologe Max Schlosser (1854–1933) aus München die Höhle. 1960 folgte eine Untersuchung durch den Innsbrucker Prähistoriker Osmund Menghin (1920–1989).

Drachenhöhle bei Mixnitz in der Steiermark auf einer 1747 entstandenen Zeichnung

In Kärnten wurde die Höhle im Griffener Burgberg im Moustérien von Neanderthalern bewohnt.

In der Steiermark sind im Riß/Würm-Interglazial die Große Badlhöhle im Badlgraben bei Peggau, die Drachenhöhle bei Mixnitz sowie das Lieglloch im Toten Gebirge bei Tauplitz von Moustérien-Leuten begangen worden. Dort hat man vor allem Steinwerkzeuge entdeckt. Die früher dem Moustérien zugerechneten Funde in der Repolusthöhle bei Peggau sind nach neueren Erkenntnissen viel älter.

In der Großen Badlhöhle bei Peggau grub 1837/1838 Ferdinand Josef Johann Freiherr von Thinnfeld (1793–1868) aus Feistritz. Darüber berichtete 1838 der Grazer Botaniker Franz Unger (1800–1870).

In der 950 Meter hoch gelegenen Drachenhöhle bei Mixnitz (auch Kogellucken genannt) konnten neben Steinwerkzeugen auch Jagdbeutereste und Spuren von Feuerstellen nachgewiesen werden. Dort wurde ab 1919 Phosphaterde als Düngemittel abgebaut. Dabei fand man 1921 einen ersten von Menschenhand bearbeiteten Kieselstein.

Danach erforschte der Wiener Paläontologe Othenio Abel die Überreste von Tieren aus der Drachenhöhle und der Wiener Höhlenkundler Georg Kyrle die urgeschichtlichen Funde. Kyrle (1887–1937) war ursprünglich Apotheker, studierte später jedoch Vorgeschichte, Anthropologie und Geographie. Er promovierte 1912, wurde wissenschaftlicher Mitarbeiter des Staatsdenkmalamtes in Wien, 1921 Generalkonservator im Bundesdenkmalamt und 1929 Professor für Höhlenkunde.

Als Höhlenwohnungen des Moustérien in der Steiermark betrachtet man außerdem die Fundorte Kugelsteinhöhle III (Tunnelhöhle) und Kugelsteinhöhle II (Bärenhöhle) bei Deutschfeistritz, in denen Steinwerkzeuge dieser Kulturstufe zum Vorschein kamen. Die beiden Höhlen liegen in 500 bzw. 480 Meter Höhe.

In Oberösterreich wurde die Salzofenhöhle im Toten Gebirge bei Grundlsee von Jägern aus dem Moustérien kurzfristig besiedelt. Sie befindet sich in etwa 2.000 Meter Höhe und ist damit eine der am höchsten gelegenen Höhlenwohnungen der Neanderthaler. In historischer Zeit versteckten sich dort Salzschmuggler, woran der Höhlenname erinnert. Die Salzofenhöhle wurde von 1924 bis 1944 durch den Schulrat Otto Körber (1886–1945) aus Bad Aussee untersucht. Zwischen 1939 und 1948 nahm der Wiener Paläontologe Kurt Ehrenberg Grabungen vor.

Auch die in etwa 1.960 Meter Höhe gelegene Ramesch-Knochenhöhle im Toten Gebirge bei Spital am Phyrn (Oberösterreich) wurde im Moustérien von Höhlenbärenjägern aufgesucht. Dies dokumentieren die 1980, 1981 und 1983 bei Ausgrabungen unter der Leitung des Wiener Paläontologen Gernot Rabeder entdeckten Feuersteingeräte aus ortsfremdem Material. Die Grabungen in der Ramesch-Knochenhöhle gehen auf eine Initiative des damaligen Direktors des „Oberösterreichischen Landesmuseums" in Linz, Hermann Kohl (1920–2010), zurück. Dieser schlug 1978 den späteren Grabungsleitern Karl Mais und Gernot Rabeder vor, für das Landesmuseum in einer hochalpinen Höhle zu graben, um diesen Typ einer eiszeitlichen Fossillagerstätte zu dokumentieren und im Rahmen der Eiszeitausstellung der Öffentlichkeit zu zeigen. Bei einer Studienexkursion im Juni 1978 in verschiedenen Höhlen des Toten Gebirges wurde die Knochenhöhle im Ramesch als für dieses Vorhaben besonders günstig erkannt.

Rabeder konnte 1986 auch in der 770 Meter hoch gelegenen Nixluckenhöhle im Ennstal zwischen Ternberg und Losenstein

(Oberösterreich) vier Schabewerkzeuge aus schwarzem Hornstein bergen, die ins Moustérien gehören. Häufiger als von den Bärenjägern wurde die Nixluckenhöhle allerdings von Höhlenbären bewohnt.

In Niederösterreich haben sich Menschen des Moustérien in der Gudenushöhle, in der Höhle Teufelslucken (auch Fuchsenlucken genannt), auf dem Plateau des Königsberges, an der Fundstelle Willendorf I und in Krems-Hundssteig aufgehalten. In der Gudenushöhle in der Felswand unterhalb der Burg Hartenstein über dem Tal der Kleinen Krems hinterließen Moustérien-Leute etliche Steinwerkzeuge. Hier wurden am 27. September 1883 als erste die Heimatforscher Pater Leopold Hacker (1843–1926) aus Purk bei Kottes, der Ingenieur Ferdinand Brun (1850–1903) und der Oberlehrer Walter Werner (geboren 1857), beide aus Kottes, fündig. An der Bergung von Funden beteiligte sich später auch Pater Benedikt Kißling (1851–1926), der damals als Kooperator in Kottes wirkte. Die bis zu den Grabungen von 1883 namenlose Höhle ist von den ersten Ausgräbern nach dem Besitzer der Burg Hartenstein, Heinrich Reichsfreiherr von Gudenus (1839–1915), benannt worden. Der Fundkomplex aus der Gudenushöhle wurde 1908 durch den damals in Freiburg (Schweiz) wirkenden französischen Prähistoriker Henri Breuil (1877–1961) und durch den von 1909 bis 1911 in Wien tätigen deutschen Prähistoriker Hugo Obermaier (1877–1946) untersucht. Breuil war katholischer Priester, nahm aber nie ein Pfarramt wahr, sondern lehrte ab 1905 Vorgeschichte in Freiburg (Schweiz) und ab 1910 in Paris. Auch Obermeier wurde zunächst zum katholischen Priester geweiht, ließ sich aber bald beurlauben, um ein Studium der Altertumswissenschaften zu beginnen. Er hat in Wien, Paris, Madrid und Freiburg (Schweiz)

*Gudenushöhle im Tal der Kleinen Krems in Niederösterreich.
Foto: Schurdl / CC-BY-SA3.0 (via Wikimedia Commons),
lizensiert unter Creative-Commons-Lizenz by-sa-3.0-de,
https://creativecommons.org/licenses/by-sa/3.0/legalcode*

*Französischer Prähistoriker Henri Breuil (1877–1961).
Foto: Marcel Lefrancq (1916–1974) / CC-BY-SA3.0
(via Wikimedia Commons),
lizensiert unter Creative-Commons-Lizenz by-sa-3.0-en,
https://creativecommons.org/licenses/by-sa/3.0/legalcode*

gelehrt und sich um die Altertumsforschung verdient gemacht.

Von 1922 bis 1924 setzte der Prähistoriker Josef Bayer (1882–1931) in der Gudenushöhle die Forschungen fort. Dabei wies er zwei Siedlungshorizonte nach. Obwohl nach dieser Grabung der Höhleninhalt als weitgehend erschöpft galt, untersuchte der österreichische Höhlenforscher Robert G. Bednarik zwischen 1963 und 1976 ohne Genehmigung des Bundesdenkmalamtes die Gudenushöhle. Weil Bednarik seine Proben und Funde unerlaubt nach Australien ausführte, wohin er ausgewandert war, ließen sich seine Angaben nicht überprüfen.

Auch in den Teufelslucken am Nordabhang des Königsberges bei Roggendorf unweit der Stadt Eggenburg sowie im Freiland auf dem Plateau des Königsberges beweisen Steinwerkzeuge die Anwesenheit von Moustérien-Leuten.

In der Wachau, dem etwa 30 Kilometer langen Durchbruchstal der Donau zwischen Melk und Krems in Niederösterreich, ließen sich Moustérien-Jäger bei Willendorf nieder. Hinterlassenschaften von ihnen barg man an der Fundstelle Willendorf I in der Ziegelei Großensteiner. Es sind ausschließlich Steinwerkzeuge. Willendorf I wurde 1883 durch den Ingenieur und Heimatforscher Ferdinand Brun aus Kottes entdeckt. Er stammte aus Kindberg (Steiermark) und starb in Mödling/Niederösterreich. In Willendorf I gruben außer Brun auch der Wiener Landschaftsmaler Hans Fischer (1848–1915) und der Prager Geologe und Paläontologe Jan Woldrich (1834–l906).

Am nördlichen Ufer der Donau haben sich später auch Jäger jüngerer Kulturstufen bei Willendorf aufgehalten. Insgesamt kennt man dort mindestens sieben Freilandstationen. Davon liegen vier (Willendorf I bis IV) im Bereich der Ortsgemeinde

Willendorf und drei (Willendorf V bis VII) im Bereich der Ortsgemeinde Schwallenbach. Hinweise auf die Existenz von Jägern aus dem Moustérien fand man auch im Burgenland. So diente die etwa drei Kilometer nördlich von Winden gelegene Bärenhöhle als Quartier für eine kleine Gruppe von Neanderthalern. Die Bärenhöhle befindet sich am Westhang des Zeilerberges in etwa 210 Meter Höhe. Sie ist 1,70 Meter hoch und 45 Meter lang.
Die Neanderthaler aus dem Moustérien haben die Höhlen nicht ihr ganzes Leben lang bewohnt, sondern sich jeweils nur einige Zeit darin aufgehalten. Vermutlich deckten sie den Höhlenboden mit weichen Tierfellen ab, auf denen sie bequem sitzen und schlafen konnten. Vielleicht verwendete man außerdem Steinblöcke als Sitzgelegenheiten oder Tische. Feuerstellen sorgten an trüben Tagen und nach Anbruch der Dunkelheit für Licht und bei Kälte für Wärme. Ein wichtiges Kriterium bei der Wahl einer Höhlenunterkunft war die Nähe eines Flusses, eines Baches oder einer Quelle, um die Trinkwasserversorgung zu sichern.
Im Freiland wurden bisher in Österreich keine aussagekräftigen Reste von Siedlungen, einzelnen Hütten oder Zelten von Neanderthalern entdeckt, wie man sie beispielsweise aus Deutschland, der Schweiz oder der Ukraine kennt. Dessen ungeachtet dürften aber auch die Moustérien-Leute in Österreich – viel häufiger, als es die spärlichen Funde belegen – aus Holzstangen und Tierfellen stabile Hütten oder Zelte im Freiland errichtet haben, wie sie damals bereits in vielen Gebieten üblich waren.
Diese Moustérien-Leute jagten Höhlenbären, Steinböcke, Rothirsche, Wildschweine, Höhlenlöwen, Wölfe und Mur-

Neanderthaler bei der gefährlichen Jagd auf Höhlenbären
im österreichischen Alpengebiet.
Zeichnung: Fritz Wendler (1941–1995) für das Buch
„Deutschland in der Steinzeit" (1991)
von Ernst Probst

meltiere. In Gebirgsgegenden spezialisierten sie sich offenbar auf die Jagd von Höhlenbären. Hinweise dafür entdeckte man unter anderem in der Drachenhöhle bei Mixnitz, in der Überreste von sage und schreibe 30.000 Höhlenbären entdeckt wurden. Diese ungeheure Menge an Knochen erklärte man sich in früheren Jahrhunderten durch die Existenz von Drachen, worauf der Name Drachenhöhle zurückzuführen ist. Etliche der Schädel von Höhlenbären aus der Drachenhöhle lassen Hiebverletzungen über der Nasenwurzel erkennen. Auffällig viele Hand- und Fußknochen vor allem von jungen Höhlenbären deuten darauf hin, dass diese Teile der Jagdbeute besonders gern verspeist wurden.

Der aufgerichtet bis zu mehr als drei Meter große Höhlenbär mit seinem furchterregenden Gebiss und den kräftigen Tatzen war keine leichte Beute für die damaligen Jäger. Sie mussten ihm von Angesicht zu Angesicht gegenübertreten und einen günstigen Augenblick abwarten, ehe sie dem muskulösen Tier eine Stoßlanze in den Leib rammen konnten. Vermutlich führte ein einziger Stoß nicht sofort zum Tode, weshalb weitere Lanzenstiche oder wuchtige Hiebe mit schweren Keulen folgen mussten. Bei dieser gefährlichen Jagd dürfte mancher Jäger schwer verletzt oder getötet worden sein.

Außer dem Fleisch vom Höhlenbären, Steinbock, Rothirsch, Wildschwein und anderen Tieren werden die Moustérien-Leute vielerlei archäologisch nicht nachweisbare essbare Früchte, Kräuter und Samen verzehrt haben.

Im Fundgut der Moustérien-Leute aus Österreich und anderswo stieß man bisher auf keine Objekte, die beim Tauschen eine Rolle gespielt haben könnten. Gelegenheit dazu hätte es beim Zusammentreffen mit anderen Sippen während der Wanderungen oder Jagdstreifzüge sicher gegeben.

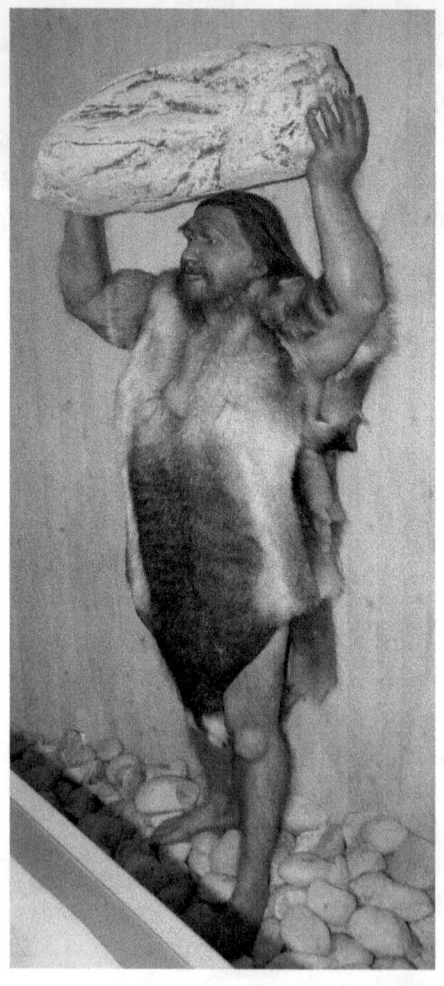

Rekonstruktion eines bekleideten Neanderthalers im Neanderthal-Museum, Mettmann.
Foto: Neozoon / CC-BY-SA3.0 (via Wikimedia Commons), lizensiert unter Creative-Commons-Lizenz by-sa-3.0-de, https://creativecommons.org/licenses/by-sa/3.0/legalcode

Die während des Riß/Würm-Interglazials in Österreich lebenden Moustérien-Leute haben vermutlich ebenso Kleidung getragen wie die spätere Bevölkerung in der Würm-Eiszeit. Ein Aufenthalt von nackten Neanderthalern in hochgelegenen Höhlen der Alpen ist allein schon wegen der nächtlichen Kälte nicht vorstellbar. Im Gegensatz zu den dort hausenden Höhlenbären hatten die Neanderthaler kein dichtes Haarkleid. Der steinige Boden in Gebirgsgegenden erforderte vermutlich eine strapazierfähige Fußbekleidung, also irgendeine Art von „Schuhen" in Form von Lappen aus Leder. Als Rohmaterial für Kleidungsstücke dürfte man Tierfelle oder -häute vom Rothirsch verwendet haben.

Die Steinwerkzeuge der das flache Land bewohnenden Neanderthaler ähnelten denjenigen aus den anderen Verbreitungsgebieten des Moustérien in Europa. Sie waren sorgfältig zugeschlagen und besaßen dieselben Formen. Man fertigte vor allem einflächig bearbeitete Werkzeuge an. Faustkeile wurden nur noch selten geschaffen. Dagegen setzten sich immer mehr die flachen, dreieckigen Handspitzen durch. In auffälligem Kontrast zu den Funden aus dem Flachland stehen die Steinwerkzeuge aus den hochgelegenen Höhlen im Alpengebiet. Diese früher dem „Alpinen Paläolithikum" zugerechneten Werkzeuge wurden meist aus minderwertigerem Material hergestellt, das den Gestaltungswillen des Steinschlägers kaum erkennen lässt.

In der Durchgangshöhle unterhalb des Schlenkenberggipfels fand man Werkzeuge aus Kalkstein mit Schlagbuckel und -flächen, jedoch ohne Retuschen, außerdem Werkzeuge aus Hornstein mit Randretuschen und eine sieben Zentimeter lange Handspitze aus ortsfremdem Gestein. Die Steinwerkzeuge aus der Gudenushöhle bestehen aus Quarzit, Bergkristall und

Werkzeug aus dem Moustérien.
Foto: José-Manuel Alvarez (via Wikimedia Commons),
Lizenz: gemeinfrei (Public domain)

Hornstein. Von diesem Fundort kennt man Handspitzen, Schaber und kleine Faustkeile (Fäustel). Die Steinwerkzeuge aus den Teufelslucken und vom Plateau des Königsberges wurden aus grauem Hornstein angefertigt.

Eine der Bestattungen in der Grotte von Shanidar (Irak) gilt als Beispiel für die Humanität der Neanderthaler. Ein etwa 35-jähriger Mann litt unter Behinderungen, wegen denen er wohl kaum ohne fremde Hilfe leben konnte. Lange vor seinem Tod brach zweimal sein rechter Oberarm. Zeitweise hieß es, die Amputation dieses Oberarmes oberhalb des Ellenbogens sei vielleicht die früheste bekannte Operation der Menschheitsgeschichte gewesen. Außerdem war dieser Mann angeblich auf dem linken Auge erblindet. Wegen anomaler Entwicklung des linken Fußknöchels und Gelenkentzündung (Arthritis) vor allem am rechten Bein konnte der Behinderte schlecht gehen. Man pflegte und versorgte ihn so gut, dass er ein für die damalige Zeit erstaunlich hohes Alter erreichte. Womöglich fand er bei einem Felssturz in der Höhle den Tod.

Bisher hat man in Österreich keine Bestattungen von Neanderthalern aus dem Moustérien entdeckt. Das ist für eine Zeitspanne von ungefähr 85.000 Jahren erstaunlich. Bestattungen aus dem Moustérien in Frankreich, aus Deutschland und aus dem Nahen Osten beweisen, dass die Menschen des Moustérien als erste unserer Vorfahren ihre Verstorbenen sorgfältig zur letzten Ruhe betteten und sie mit Beigaben versahen. Damals waren in den Nachbarländern aber auch Schädelkult und rituell motivierter Kannibalismus üblich. Beim berühmten Fund von 1856 aus der Kleinen Feldhofer Grotte im „Neanderthal" in Deutschland halten es Prähistoriker kaum für möglich, dass dieser Mann nach seinem Tode frei in der Höhle liegen blieb. Aasfresser, besonders Höhlenhyänen,

*Rekonstruktion eines bewaffneten Neanderthalers
im Neanderthal-Museum, Mettmann.
Foto: Stefan Scheer / CC-BY-2.5 (via Wikimedia Commons),
lizensiert unter Creative-Commons-Lizenz by-2.5-de,
https://creativecommons.org/licenses/by/2.5/legalcode*

hätten von dem Leichnam kaum etwas übriggelassen. Die wenigen Knochen, die zum Zerbeißen und Fressen zu groß sind, wären weit verschleppt worden. Daher nimmt man an, dass der Verstorbene eingegraben wurde. Die unsachgemäße Bergung des wohl noch zusammenhängenden Skelettes durch die Steinbrucharbeiter führte jedoch dazu, dass die Bestattung nicht erkannt wurde. Auch auf eventuelle Beigaben für den Toten achtete man nicht.

Aus Frankreich kennt man Bestattungen von Moustérien-Leuten, die Einblicke in das Totenbrauchtum dieser Menschen erlauben. In der für das Moustérien namengebenden Höhle von Le Moustier im Département Dordogne beispielsweise hat man einen schätzungsweise 16 Jahre alten Jugendlichen liebevoll zur letzten Ruhe gebettet. Sein Kopf lag auf einem künstlichen Pflaster aus Feuerstein. Außerdem gab man ihm zwei Steingeräte und Fleischstücke von einem Wildrind als Wegzehrung für das Jenseits mit. Für ein Neugeborenes wurde in der Höhle eigens eine Grube angelegt.

In der Höhle La Bouffia Bonneval von La Chapelle-aux-Saints im Département Corrèze bestattete man einen erwachsenen Mann in einer künstlich geschaffenen Grube. Sein Kopf wurde mit einer großen Knochenplatte bedeckt, um ihn zu schützen. Für das Leben nach dem Tod stattete man ihn mit Steingeräten, Fleisch- und Ockerstücken aus.

In der Höhle von La Ferrassie bei Le Bugue in der Dordogne sind sogar sechs Menschen (zwei Erwachsene und vier Kinder) zu Grabe getragen worden. Sie ruhten – mit einer Ausnahme – in seichten, bis zu 40 Zentimeter tiefen ovalen Mulden, die teilweise künstlich gegraben wurden. Drei der Kinder waren mit besonders sorgfältig hergestellten Steingeräten ausgerüstet. Speisebeigaben oder Tiertrophäen fand man auch zusammen

mit Moustérien-Bestattungen in der Skhul-Höhle im Karmelgebirge (Israel), in der Höhle im Berg Qafzeh bei Nazareth (Israel) und in der Höhle Tesik Tas (Usbekistan), etwa 150 Kilometer südlich von Samarkand. In einem Grab der Skhul-Höhle barg man den Kiefer eines Wildschweins. Ein etwa zehnjähriges Kind vom Fundort Qafzeh (Abgrund) hatte ein Damhirschgeweih auf den Händen. Um das Skelett eines etwa neunjährigen Jungen aus der Höhle Tesik Tas im Tal des Turgan-Darja lagen Steinbockhörner.
All diese Bestattungen zeugen von der großen Achtung und Zuneigung, die man offenbar vielen Verstorbenen entgegenbrachte. In Kontrast dazu stehen Kopfbestattungen, Schädelbecher und Anzeichen für Kannibalismus aus derselben Zeit. Der durch Funde aus Frankreich (Abri Suard in La Chaise-de-Vouthon) überlieferte Schädelkult der Moustérien-Leute konnte in Österreich bisher archäologisch nicht nachgewiesen werden. In der Halbhöhle von La Chaise-de-Vouthon im französischen Département Charente herrschten auffälligerweise Schädel und Unterkiefer vor, während Reste vom übrigen Skelett fehlten. Dagegen fand man in der Grotte René Simard in der Charente Skelettreste eines etwa zwölfjährigen Kindes und von zwei Kleinkindern, deren Schädel und Unterkiefer fehlten. Die menschlichen Knochen lagen zwischen den Tierknochen der Jagdbeutereste und waren ebenso wie diese aufgeschlagen worden, um in den Genuss des Marks zu kommen. Diese Befunde deuten darauf hin, dass man Kopf und Unterkiefer anders als die übrigen Skelettreste behandelt hat.
Als einer der wichtigsten Belege für Schädelkult und Kannibalismus galt früher der 1939 in der Grotta Guattari im Monte Circeo, etwa 100 Kilometer südöstlich von Rom, entdeckte Schädel eines ungefähr 40 Jahre alten Neanderthalers. Doch

spätere Untersuchungen, deren Ergebnisse 1990 publiziert wurden, zeigten, dass die Spuren, die man ursprünglich als Anhaltspunkte für einen rituellen Kannibalismus deutete, von Hyänen stammen. Ein an anderer Stelle der Höhle geborgener Unterkiefer gehört nicht zu dem Schädel, dessen Unterkiefer fehlte. Auf makabre kultische Praktiken deuten die Knochenfragmente – vorwiegend Schädelteile – von mindestens vier Männern und Frauen sowie drei Jugendlichen aus der Vindija-Höhle beim Dorf Voca Donja nordöstlich von Zagreb in Kroatien hin. Die an diesen Funden sichtbaren Schnittspuren und anderen Defekte sind vielleicht Zeugnisse von Leichenzerstückelung und Schädelkult. Nach Analogien bei Naturvölkern ist anzunehmen, dass das Gehirn nicht nur als Nahrung verzehrt wurde, sondern man sich mit ihm auch die geistigen oder magischen Kräfte des Toten einverleiben wollte.

Gewisse Abnutzungsspuren am Schädeldach des Neanderthalers aus dem Neandertal deuten darauf hin, dass dieses bewusst als Trinkschale zugerichtet wurde. Dafür spricht, dass die Bruchränder des Schädeldachs fast parallel verlaufen, wenn man es auf eine ebene Unterlage stellt. Zudem wurden die weggebrochenen Teile nicht – wie unter natürlichen Bedingungen durch die Last darüber liegender Erdschichten – von außen nach innen gedrückt, sondern von innen nach außen. Der mutmaßliche Schädelbecher aus dem Neandertal ist keine Einzelerscheinung. Menschliche Schädel wurden zu verschiedenen Zeiten als Trinkgefäße umgestaltet. Vielleicht erhoffte man sich durch den Trunk aus einem Schädelbecher die Kraft des Feindes (oder bei Kindern deren Jugendlichkeit) in sich aufnehmen zu können.

Nach prähistorischen Funden zu schließen, wurde Kannibalismus im Moustérien in ganz Europa praktiziert. Allein in

Figur eines Neanderthalers auf dem Weg zum „Neanderthaler-Museum" in Krapina (Kroatien). Foto: Divna Jaksic (via Wimedia Commons), Lizenz: gemeinfrei (Public domain)

der Halbhöhle im Husnjak-Hügel bei Krapina, 45 Kilometer nördlich der kroatischen Stadt Zagreb, sollen 23 Neanderthaler, deren Reste man von 1899 bis 1905 entdeckte, diesem Brauch zum Opfer gefallen sein. Die Knochen wiesen angeblich Schnitt-, Schlag- und Brandspuren auf. Es hieß, sie seien zur Gewinnung des Markes aufgeschlagen und vom Feuer angesengt worden. Schon der erste Ausgräber Dragutin Gorjanovic-Kramberger (1856–1936) glaubte, es handle sich um einen Begräbnisplatz, an dem ritueller Kannibalismus erfolgte. Zeitweise vermuteten manche Prähistoriker, die Neanderthaler von Krapina seien von höher entwickelten Zeitgenossen angegriffen und getötet worden. Deshalb sprachen sie von der „Schlacht von Krapina". Andere Experten deuteten die Höhle von Krapina als Kultstätte, die in großen zeitlichen Abständen wiederholt aufgesucht wurde. Auch vom Einsturz der Höhlendecke, einer besonderen Bestattungsform, bei der man Skelette zerlegte und die Teile verstreute, Bissspuren von Raubtieren, Aktivitäten von Arbeitern, Höhlenbesuchern oder Archäologen war die Rede. Die vermeintlichen Schnittspuren an den Schädeln könnten teilweise auch als Kratzer erst nach der Konservierung entstanden sein. Auffälligerweise ging die Zahl der vermeintlichen Schnittspuren mit jeder Untersuchung zurück.

Von Kannibalenmahlzeiten könnten auch die zerbrochenen Skelettreste von bis zu 36 Neanderthalern in einer Höhle des Hortus-Massivs im südfranzösischen Département Hérault stammen. Sie befanden sich inmitten von fragmentierten Tierknochen, die man als Mahlzeitreste deutet.

Auch Schädeldachfragmente aus der Wildscheuerhöhle in Hessen und ein Oberschenkelrest aus der Höhle Hohlenstein-Stadel in Baden-Württemberg werden von manchen Prä-

*Angebliche Zeugen für einen Kult um den Höhlenbären:
1921 in einer Steinkiste gefundener Schädel eines Höhlenbären
aus dem Drachenloch bei Vättis im Kanton St. Gallen.
Der Schädel liegt auf zwei Schienbeinen.
Zwischen Schläfenbein und Jochbogen
ist ein Oberschenkelknochen verkeilt.
Foto: Naturmuseum St. Gallen*

historikern als Hinweise auf Kannibalismus betrachtet. Sie lagen regellos zwischen den als Mahlzeitresten gedeuteten Tierknochen. Deshalb betrachtet man auch die menschlichen Knochen als Speiseabfälle.

Umstritten ist der mysteriöse Bärenkult, den die Moustérien-Jäger ausgeübt haben sollen. Die Annahme, dass ein solcher Kult existiert hat, beruht auf angeblich auffällig deponierten Schädeln und Knochen von Höhlenbären in manchen Höhlen. Ungewöhnlich deponierte Reste von Höhlenbären, die er mit kultischen Riten in Verbindung brachte, entdeckte der Wiener Paläontologe Kurt Ehrenberg bei seinen Ausgrabungen in der Salzofenhöhle im Toten Gebirge bei Grundlsee. Seine Schlussfolgerungen sind nicht allgemein anerkannt. Bärenkulte wurden noch in historischer Zeit bei nordasiatischen und nordamerikanischen Naturvölkern praktiziert. Sinn dieser Zeremonien war es, die getöteten Bären „wieder zum Leben zu erwecken" und sich auf diese Weise mit ihnen zu versöhnen.

In Deutschland wird vor allem die mittelfränkische Petershöhle bei Velden (Kreis Nürnberger Land) in Bayern als Schauplatz des Bärenkults diskutiert. Dort entdeckte der Heimatforscher Konrad Hörmann (1859–1933) aus Nürnberg bei Ausgrabungen zwischen 1914 und 1928 Brandstellen mit verkohlten Höhlenbärenknochen sowie angeblich Höhlenbärenschädel in ungewöhnlicher Lagerung. Nach Ansicht Hörmanns wurden die Höhlenbärenschädel absichtlich in seitliche Wandnischen an anderen Stellen niedergelegt. Einmal soll ein Schädel zwischen Steinen in Holzkohle eingebettet und mit dieser bedeckt worden sein. Mehrfach waren angeblich ganze Haufen von Höhlenbärenschädeln – bis zu zehn Exemplaren – von Steinen umgeben. Hörmann deutete die Petershöhle als Heiligtum für eine Gruppe oder mehrere Gruppen von Jägern.

*Rekonstruktion eines frühen Homo sapiens aus der Höhle Peștera cu Oase in Rumänien im „Neanderthal-Museum", Mettmann.
Foto: Daniela Hitzemann / CC-BY-SA4.0
(via Wikimedia Commons),
lizensiert unter Creative-Commons-Lizenz by-sa-4.0-en,
https://creativecommons.org/licenses/by-sa/4.0/legalcode*

Die Funde aus der Petershöhle haben den Wiener Prähistoriker Oswald Menghin (1888–1973) bewogen, dafür 1931 den Begriff „Veldener Kultur" zu prägen. Dieser Name wurde von anderen Prähistorikern jedoch nicht akzeptiert, von denen viele auch an der Existenz eines Bärenkultes Zweifel hegten. Über das Verschwinden der Neanderthaler *(Homo neanderthalensis)* ist viel diskutiert worden. Anhänger der Phasen- oder Stufen-Hypothese glaubten, aus Neanderthalern in Europa seien anatomisch moderne Menschen *(Homo sapiens)* entstanden. Dies sei durch einen allmählichen Wandel bestimmter anatomischer Merkmale geschehen. Beispielsweise habe die Größe der Frontzähne immer mehr abgenommen und das Kinn sei immer ausgeprägter geworden. Andere Experten spekulierten über die Ausrottung der Neanderthaler durch fortschrittlichere Jetztmenschen oder über den Sex bzw. die Vermischung zwischen *Homo sapiens* und *Homo neanderthalensis*. Auf letzteres weisen prähistorische Schädelfunde mit Merkmalen beider Arten von etlichen Fundstellen hin. Mutmaßliche Mischlinge kennt man beispielsweise aus Israel (Skhul- und Tabun-Höhle im Karmelgebirge, Höhle im Berg Qafzeh bei Nazareth), Rumänien (Pestera cu Oase, Pestera Muierii) und Italien (Monte Lessini). Heutige Europäer tragen rund zwei bis vier Prozent Gene von Neanderthalern in sich.

Literatur

BRUN, Ferdinand: Funde aus der Gudenushöhle. Mitteilungen der Anthropologischen Gesellschaft in Wien, S. 70, Wien 1884
CASHOFER, Clemens A.: Leopold (Ludwig) Hacker. Profeßbuch des Benediktinerstiftes Göttweig, St. Ottilien 1983
DOPSCH, Heinz / SPATZENEGGER, Hans: Geschichte Salzburgs. Band I, Vorgeschichte, Altertum, Mittelalter, Salzburg 1981
EHRENBERG, Kurt: Die urzeitlichen Fundstellen und Funde in der Salzofenhöhle, Steiermark. In: Archaeologia Austriaca. Beiträge zur Ur- und Frühgeschichte Mitteleuropas. Band 25, S. 8–24, Wien 1959
EHRENBERG, Kurt: Othenio Abel's Lebensweg. Wien 1975
FEUSTEL, Rudolf: Abstammungsgeschichte des Menschen, 6. Auflage, Jena 1990
FRANZ, Leonhard: Vorgeschichtliches Leben in den Alpen, Wien 1929
FUHLROTT, Carl: Menschliche Ueberreste aus einer Felsengrotte des Düsselthals. Ein Beitrag zur Frage über die Existenz fossiler Menschen. Verhandlungen des Naturhistorischen Vereins der preussischen Rheinlande und Westphalens, S. 129–151, Bonn 1859
HACKER, Leopold: Die Gudenushöhle, eine Renthierstation im niederösterreichischen Kremsthale. Mitteilungen der Anthropologischen Gesellschaft in Wien, S. 145–153, Wien 1884
KING, William: The reputed fossil man of the Neanderthal. The Quarterly Journal of Science, S. 88–97, London 1864

MENGHIN, Oswald: Georg Kyrle (1887–1937). Wiener Prähistorische Zeitschrift, S. 100–112, Wien 1937
MOTTL, Maria: Das Lieglloch im Ennstal, eine Jagdstation des Eiszeitmenschen. Archaeologia Austriaca, S. 18–23, Wien 1950
MOTTL, Maria: Was ist nun eigentlich das „alpine Paläolithikum"? Quartär, S. 33–52, Bonn 1975
NEUGEBAUER, Johannes-Wolfgang: Österreichs Urzeit. Bärenjäger - Bauern - Bergleute, Wien 1990
OBERMAIER, Hugo / BREUIL, Henri: Die Gudenushöhle in Österreich. Mitteilungen der Anthropologischen Gesellschaft in Wien, S. 277–294, Wien 1908
PROBST, Ernst: Die Höhlenbärenjäger in den Alpen. Das Moustérien. In: Deutschland in der Steinzeit. Jäger, Fischer und Bauern zwischen Nordseeküste und Alpenraum, S. 121–124, München 1991
RABEDER, Gernot / GRUBER, Bernhard: Höhlenbär und Bärenjäger. Ausgrabungen in der Ramesch-Knochenhöhle im Toten Gebirge. Katalog zur Sonderausstellung, Linz o.J.
WIKIPEDIA (Online-Lexikon) Christine Neugebauer-Maresch
https://de.wikipedia.org/wiki/Christine_Neugebauer-Maresch
WIKIPEDIA (Online-Lexikon) Gudenushöhle
https://de.wikipedia.org/wiki/Gudenush%C3%B6hle
WIKIPEDIA (Online-Lexikon): Mousterien
https://de.wikipedia.org/wiki/Moust%C3%A9rien
ZAPFE, Helmuth: In memoriam Univ.-Prof. Dr. Kurt Ehrenberg (22.11.1896–6.10.1979). Annalen des Naturhistorischen Museums Wien, S. 127–129, Wien 1982

Wissenschaftsautor Ernst Probst.
Foto: Klaus Benz, Fotograf, Mainz-Laubenheim

Der Autor

Ernst Probst, geboren am 20. Januar 1946 in Neunburg vorm Wald im bayerischen Regierungsbezirk Oberpfalz, ist Journalist und Wissenschaftsautor. Er arbeitete von 1968 bis 1971 bei den „Nürnberger Nachrichten", von 1971 bis 1973 in der Zentralredaktion des „Ring Nordbayerischer Tageszeitungen" in Bayreuth und von 1973 bis 2001 bei der „Allgemeinen Zeitung", Mainz. In seiner Freizeit schrieb er Artikel für die „Frankfurter Allgemeine Zeitung", „Süddeutsche Zeitung", „Die Welt", „Frankfurter Rundschau", „Neue Zürcher Zeitung", „Tages-Anzeiger", Zürich, „Salzburger Nachrichten", „Die Zeit", „Rheinischer Merkur", „Deutsches Allgemeines Sonntagsblatt", „bild der wissenschaft", „kosmos", „Deutsche Presse-Agentur" (dpa), „Associated Press" (AP) und den „Deutschen Forschungsdienst" (df). Aus seiner Feder stammen die Bücher „Deutschland in der Urzeit" (1986), „Deutschland in der Steinzeit" (1991), „Rekorde der Urzeit" (1992), „Dinosaurier in Deutschland" (1993 zusammen mit Raymund Windolf) und „Deutschland in der Bronzezeit" (1996). Von 2001 bis 2006 betätigte sich Ernst Probst als Buchverleger sowie zeitweise als internationaler Fossilienhändler und Antiquitätenhändler. Insgesamt veröffentlichte er mehr als 300 Bücher, Taschenbücher, Broschüren und über 300 E-Books.

Bücher von Ernst Probst

(Auswahl)

Als Mainz noch nicht am Rhein lag
Archaeopteryx. Die Urvögel in Bayern
Christl-Marie Schultes. Die erste Fliegerin in Bayern
(zusammen mit Theo Lederer)
Der Europäische Jaguar
Der Mosbacher Löwe. Die riesige Raubkatze aus Wiesbaden
Der Rhein-Elefant. Das Schreckenstier von Eppelsheim
Der Schwarze Peter. Ein Räuber im Hunsrück und Odenwald
Der Ur-Rhein. Rheinhessen vor zehn Millionen Jahren
Deutschland im Eiszeitalter
Deutschland in der Frühbronzezeit
Deutschland in der Mittelbronzezeit
Deutschland in der Spätbronzezeit
Die Aunjetitzer Kultur in Deutschland
Die Straubinger Kultur in Deutschland
Die Singener Gruppe
Die Arbon-Kultur in Deutschland
Die Ries-Gruppe und die Neckar-Gruppe
Die Adlerberg-Kultur
Der Sögel-Wohlde-Kreis
Die nordische Bronzezeit in Deutschland
Die Hügelgräber-Kultur in Deutschland
Die ältere Bronzezeit in Nordrhein-Westfalen
Die Bronzezeit in der Lüneburger Heide
Die Stader Gruppe

Die Oldenburg-emsländische Gruppe
Die Urnenfelder-Kultur in Deutschland
Die ältere Niederrheinische Grabhügel-Kultur
Die Unstrut-Gruppe
Die Helmsdorfer Gruppe
Die Saalemündungs-Gruppe
Die Lausitzer Kultur in Deutschland
Die Dolchzahnkatze Megantereon
Die Dolchzahnkatze Smilodon
Die Säbelzahnkatze Homotherium
Die Säbelzahnkatze Machairodus
Die Schweiz in der Frühbronzezeit
Die Rhône-Kultur in der Westschweiz
Die Arbon-Kultur in der Schweiz
Die Schweiz in der Mittelbronzezeit
Die Schweiz in der Spätbronzezeit
Dinosaurier von A bis K. Von Abelisaurus bis zu Kritosaurus
Dinosaurier von L bis Z. Von Labocania bis zu Zupaysaurus
Der rätselhafte Spinosaurus. Leben und Werk des Forschers Ernst Stromer von Reichenbach
Eiszeitliche Geparde in Deutschland
Eiszeitliche Leoparden in Deutschland
Frauen im Weltall
Hildegard von Bingen. Die deutsche Prophetin
Höhlenlöwen. Raubkatzen im Eiszeitalter
Julchen Blasius. Die Räuberbraut des Schinderhannes
Johann Jakob Kaup. Der große Naturforscher aus Darmstadt
Königinnen der Lüfte
Königinnen der Lüfte in Deutschland
Königinnen der Lüfte in Europa
Königinnen der Lüfte in Frankreich

Königinnen der Lüfte in England und Australien
Königinnen der Lüfte in Amerika
Königinnen der Lüfte von A bis Z
Königinnen des Tanzes
Malende Superfrauen
Meine Worte sind wie die Sterne Die Entstehung der Rede des Häuptlings Seattle (zusammen mit Sonja Probst, verheiratete Werner)
Monstern auf der Spur. Wie die Sagen über Drachen, Riesen und Einhörner entstanden
Neues vom Ur-Rhein. Interview mit dem Geologen und Paläontologen Dr. Jens Sommer
Österreich in der Frühbronzezeit
Österreich in der Mittelbronzezeit
Österreich in der Spätbronzezeit
Pompadour und Dubarry. Die Mätressen von Louis XV.
Raub-Dinosaurier von A bis Z. Mit Zeichnungen von Dmitry Bogdanav und Nobu Tamura
Rekorde der Urmenschen. Erfindungen, Kunst und Religion
Rekorde der Urzeit. Landschaften, Pflanzen und Tiere
Säbelzahnkatzen. Von Machairodus bis zu Smilodon
Säbelzahntiger am Ur-Rhein. Machairodus und Paramachairodus
Superfrauen aus dem Wilden Westen
Superfrauen 1 – Geschichte
Superfrauen 2 – Religion
Superfrauen 3 – Politik
Superfrauen 4 – Wirtschaft und Verkehr
Superfrauen 5 – Wissenschaft
Superfrauen 6 – Medizin
Superfrauen 7 – Film und Theater

Superfrauen 8 – Literatur
Superfrauen 9 – Malerei und Fotografie
Superfrauen 10 – Musik und Tanz
Superfrauen 11 – Feminismus und Familie
Superfrauen 12 – Sport
Superfrauen 13 – Mode und Kosmetik
Superfrauen 14 – Medien und Astrologie
Tony und Bruno Werntgen. Zwei Leben für die Luftfahrt (zusammen mit Paul Wirtz)
Was ist ein Menhir? Interview mit dem Mainzer Archäologen Dr. Detert Zylmann
Wer ist der kleinste Dinosaurier? Interviews mit dem Wissenschaftsautor Ernst Probst
Wer war der Stammvater der Insekten? Interview mit dem Stuttgarter Biologen und Paläontologen Dr. Günther Bechly
Kastel in der Vorzeit. Von der Jungsteinzeit bis Christi Geburt
Kostheim in der Vorzeit. Von der Jungsteinzeit bis Christi Geburt
Wiesbaden in der Steinzeit
Die Altsteinzeit. Eine Periode der Steinzeit in Europa vor etwa 1.000.000 bis 10.000 Jahren
Die Altsteinzeit in Österreich. Jäger und Sammler vor 250.000 bis 10.000 Jahren
Die Mittelsteinzeit. Eine Periode der Steinzeit vor etwa 8.000 bis 5.000 v. Chr.
Die Jungsteinzeit. Eine Periode der Steinzeit vor etwa 5.500 bis 2.300 v. Chr.
Das Moustérien in Österreich
Das Aurignacien. Eine Kulturstufe der Altsteinzeit vor etwa 35.000 bis 29.000 Jahren
Das Aurignacien in Österreich

Das Gravettien. Eine Kulturstufe der Altsteinzeit vor etwa 28.000 bis 21.000 Jahren
Das Gravettien in Österreich
Das Magdalénien. Die Blütezeit der Rentierjäger vor etwa 15.000 bis 11.500 Jahren
Das Magdalénien in Österreich
Die Hamburger Kultur. Eine Kulturstufe der Altsteinzeit vor etwa 15.000 bis 14.000 Jahren
Die Federmesser-Gruppe. Eine Kulturstufe der Altsteinzeit vor etwa 12.000 bis 10.700 Jahren
Das Jungacheuléen in Österreich
Das Moustérien in Österreich
Das Aurignacien in Österreich
Das Magdalénien in Österreich
Die Mittelsteinzeit. Eine Periode der Steinzeit vor etwa 8.000 bis 5.000 v. Chr.
Die Mittelsteinzeit in Baden-Württemberg
Die Mittelsteinzeit in Bayern
Die Mittelsteinzeit in Nordrhein-Westfalen
Die Ertebölle-Ellerbek-Kultur. Eine Kultur der Jungsteinzeit vor etwa 5.000 bis 4.300 v. Chr.
Die Stichbandkeramik. Eine Kultur der Jungsteinzeit vor etwa 4.900 bis 4.500 v. Chr.
Die Hinkelstein-Kultur. Eine Kultur der Jungsteinzeit vor etwa 4.900 bis 4.800 v. Chr.
Die Rössener Kultur. Eine Kultur der Jungsteinzeit vor etwa 4.600 bis 4.300 v. Chr.
Die Michelsberger Kultur. Eine Kultur der Jungsteinzeit vor etwa 4.300 bis 3.500 v. Chr.
Die Salzmünder Kultur. Eine Kultur der Jungsteinzeit vor etwa 3.700 is 3.200 v. Chr.

Die Wartberg-Kultur. Eine Kultur der Jungsteinzeit vor etwa 3.500 bis 2.800 v. Chr.
Die Walternienburg-Bernburger Kultur. Eine Kultur der Jungsteinzeit vor etwa 3.200 bis 2.800 v. Chr.
Die Kugelamphoren-Kultur. Eine Kultur der Jungsteinzeit vor etwa 3.100 bis 2.700 v. Chr.
Die Glockenbecher-Kultur. Eine Kultur der Jungsteinzeit vor etwa 2.500 bis 2.200 v. Chr.

www.ingramcontent.com/pod-product-compliance
Lightning Source LLC
Chambersburg PA
CBHW072257170526
45158CB00003BA/1093